《问问物理学》

闪电
从哪里来？

[英]安娜·克莱伯恩 著　胡良 译

电子工业出版社
Publishing House of Electronics Industry
北京·BEIJING

本书中文简体版专有出版权由HODDER AND STOUGHTON LIMITED经由CA-LINK International LLC授予电子工业出版社，未经许可，不得以任何方式复制或抄袭本书的任何部分。

版权贸易合同登记号 图字：01-2021-1839

图书在版编目（CIP）数据

问问物理学.闪电从哪里来? /（英）安娜·克莱伯恩著；胡良译.--北京：电子工业出版社，2022.6
ISBN 978-7-121-43354-2

Ⅰ.①问… Ⅱ.①安… ②胡… Ⅲ.①物理学—少儿读物
Ⅳ.①O4-49

中国版本图书馆CIP数据核字（2022）第070690号

责任编辑：刘香玉
印　　刷：北京瑞禾彩色印刷有限公司
装　　订：北京瑞禾彩色印刷有限公司
出版发行：电子工业出版社
　　　　　北京市海淀区万寿路173信箱　邮编：100036
开　　本：889×1194　1/16　印张：10　字数：207千字
版　　次：2022年6月第1版
印　　次：2022年7月第2次印刷
定　　价：120.00元（全5册）

　　凡所购买电子工业出版社图书有缺损问题，请向购买书店调换。若书店售缺，请与本社发行部联系，联系及邮购电话：（010）88254888，88258888。

　　质量投诉请发邮件至zlts@phei.com.cn，盗版侵权举报请发邮件至dbqq@phei.com.cn。

　　本书咨询联系方式：（010）88254161转1826，lxy@phei.com.cn。

目录

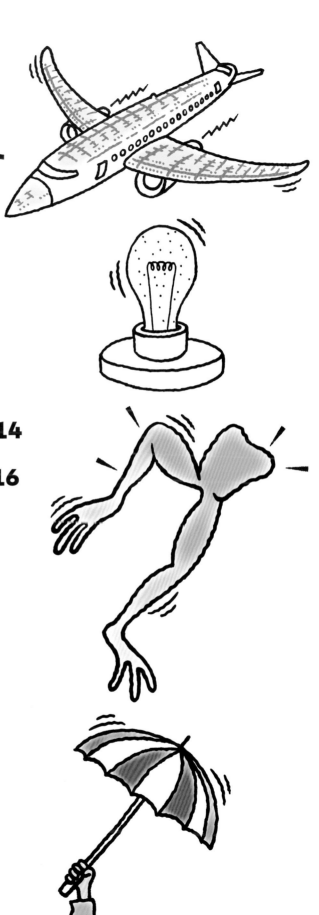

电是什么？

在我们今天的生活中，电无处不在。无论是室内或街道的照明，还是家用电器或计算机的工作，都离不开电。如果没有电，我们的生活将会大不相同。

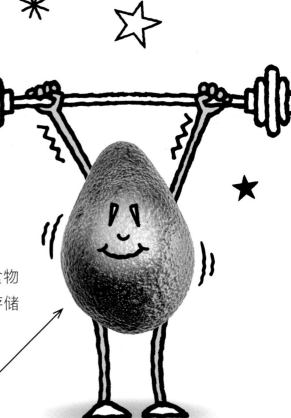

人类什么时候能发明电池呢？到时候我就可以使用这个东西了。

我们习惯于使用各种电器，如电灯、电视、电动玩具、电动牙刷、电话等。

 **那么，电究竟是什么呢?**

电是一种能量。能量是做事或使事发生的力。我们的生活中有各种各样的能量，如……

声音

热

光

运动

能量是可以储存的，如食物或燃料的化学物质中都存储着能量。

这只牛油果里蕴藏着丰富的能量！

4

照明是早期电的主要用途之一。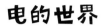

无人机

吹风机

电的世界

作为超级有用的能源形式之一，电可以用来为机器、工具和玩具等提供动力。200多年前，人类掌握了电的使用方法，到现在我们已经发明了各种各样的使用电的东西。

机器人

智能手机

电是如何工作的？

电的存在和发挥作用依赖于原子。原子是构成所有物质的基本单位。

原子由原子核和绕原子核运动的电子组成。

原子

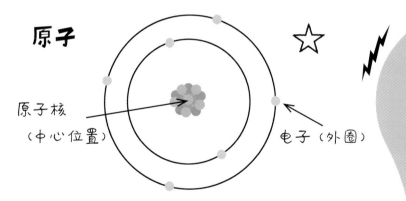

原子核（中心位置）

电子（外圈）

在通常情况下，电子依附在原子上。但有时一些电子可以在原子间移动或跳跃，并可以在导电物质中流动，如金属线。

电子的这种运动就是……

电！

请注意！

人体也是可以导电的。当电流经人体的时候，人会受到电击，感到刺痛或疼痛。如果电流足够强烈的话，被电到的人甚至会有生命危险。

危险

这就是我们在接触插座、电线和用电设备时要足够小心谨慎的原因。

电从哪里来？

有趣的是，能量既不能被无中生有地创造出来，也不能被毁灭。它只能从一种能量形式转化成另一种能量形式。

例如，我们吃的食物……

它们转化成了我们体内的热量和运动能量。

运动生电

要想获得电能，我们必须利用另一种形式的能源来转化，如通过风力涡轮机的转动把风能转化成电能。

风

涡轮叶片旋转（运动能量）。

发电机把旋转能量转化成电能。

电线把电输送到需要的方，例如你生活的城镇。

转啊转啊

在多数情况下，我们用涡轮机和发电机来制造电力。涡轮机不断旋转，而发电机将旋转运动转化为电力。

风力涡轮机在风中旋转。

水力发电站利用通过大坝的水流使涡轮机旋转。

传统的发电站通过燃烧燃料加热水产生的蒸汽使涡轮机旋转。

太阳能

太阳能电池板的工作方式是不同的。电池板是由特殊材料制成的，当光照到电池板上时，这种材料可以将光能转化成电能。

在阳光下奔跑！

这架火星探测器使用太阳能电池板供电。

这个计算器有一个小太阳能电池板。

计算器用电不多，这个小太阳能电池板产生的能量足够用。

电怎样到达你家?

通过架在空中或埋入地下的主电缆，电被输送给建筑物。

入户电线接入主电缆。

然后它们接入一个配电箱。

从配电箱出来的电线与室内所有的插座和电灯相连。

便携电源

电池也可以提供电能。电池含有金属和其他化学物质，它们在一起发生反应从而产生电流。

小电池非常轻便，适合为诸如遥控器之类的小设备供电。

电是如何变成光的？

自从开始使用电以来，人类的生活比以前确实明亮了很多，特别是到了晚上！照明是电的主要用途之一。

灯火通明的房屋

明亮整齐的街灯

五彩斑斓的饰灯

事实上，从太空中可以看到地球上的璀璨灯光。

伟大的发明

托马斯·爱迪生因发明电灯泡而闻名。另一些发明家，如约瑟夫·斯旺等人，也参与了这项发明。他们使用了一种叫作"白炽"的方法，这种方法今天仍然在一些灯泡中使用。

托马斯·爱迪生（1847—1931）

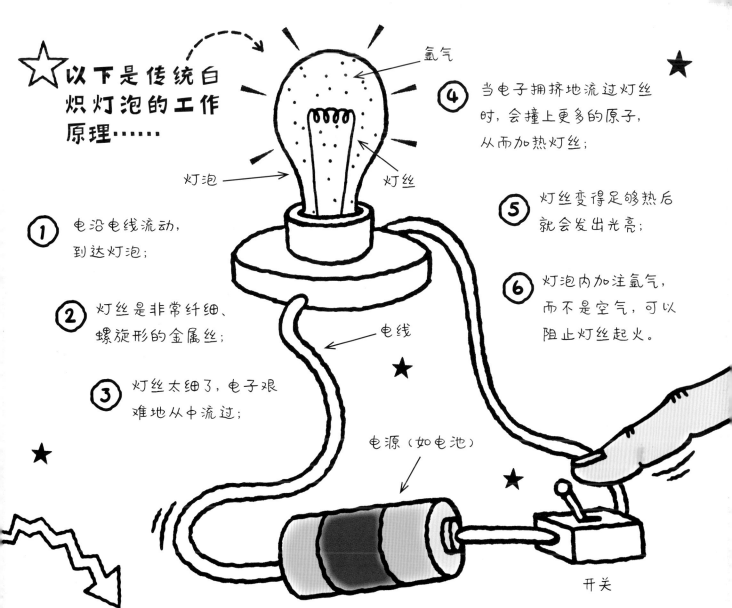

☆**以下是传统白炽灯泡的工作原理……**

氪气

灯泡

灯丝

① 电沿电线流动，到达灯泡；

② 灯丝是非常纤细、螺旋形的金属丝；

③ 灯丝太细了，电子艰难地从中流过；

电线

电源（如电池）

开关

④ 当电子拥挤地流过灯丝时，会撞上更多的原子，从而加热灯丝；

⑤ 灯丝变得足够热后就会发出光亮；

⑥ 灯泡内加注氪气，而不是空气，可以阻止灯丝起火。

各式各样的灯泡

现在，我们也在使用其他类型的灯泡。

LED**灯泡**则包含一种半导体材料，当电流经时它能直接发光。

卤素灯泡是现代白炽灯泡的一种，它的内部充卤素气体，这可以让灯丝更持久耐用。

在霓虹灯和荧光灯中，流经的电加热灯泡内的气体，使灯泡里面的涂层开始发光。

哎哟!

为什么购物车会 "电" 人?

如果你曾经被购物车"电"过,你一定知道那种感受!当手触碰到购物车时,微小的噼啪声响起,伴随而来的是手部刺痛的感觉。

实际上,这是一种由称作静电的电引起的轻微电击。当你与其他物体(如车门、家门的门把手甚至另一个人)接触时,也经常会遭遇到静电电击。

什么是静电?

静电,顾名思义,意味着电子"静止"。我们都知道,在电流中,电子沿金属线流动,但对于静电,电子则聚集和堆积在材料、物品或人体上。

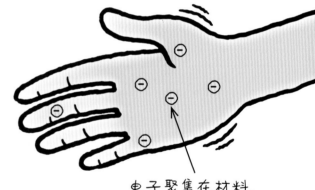

电子聚集在材料、物品或人体上

电击

静电电击发生在静电积聚到一定程度,然后突然逃脱到另外一个物体上的时候。

 ## 产生原理

当物体发生摩擦时,电子从一个物体表面脱离并移动、聚集到另一个物体表面。这种情况大多发生在电子不容易流过的物体上,如橡胶和塑料。

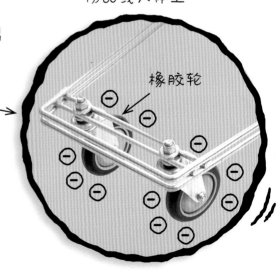

橡胶轮

手推车

电子借助物体扩散。现在，这些物体有了额外的电子，产生了电荷。

电子

哎呀!

当一个带电荷的物体接触或接近另一个物体时，额外的电子就可能发生突然转移。这就是产生静电火花或电击的原因。

电子跳到了手上

静电气球实验!

你可以用一个气球来做静电实验。把气球吹起来，然后在羊毛衫或毯子上摩擦。

粘住了!

气球收集到额外的电子，从而带有电荷。

额外的电子被墙上的带电粒子吸引。

试着把气球靠在墙上，然后松手。

把带电荷的气球和金属勺子带到黑暗的房间里，然后让它们接触，你可能会看到微小的静电火花。

闪电从哪里来？

信不信由你，闪电和我们在购物车上体验到的"电击"极其类似，只不过闪电要大得多……

也危险得多！

在雷雨期间，当云中积聚电荷时，就会发生闪电。

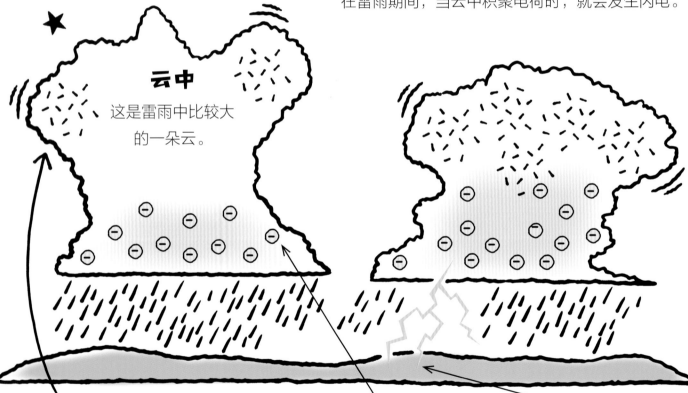

云中

这是雷雨中比较大的一朵云。

云中含有大量的水滴和冰晶（因为大气层高处非常寒冷）。

水滴和冰晶一起移动并相互挤撞，导致所附带的电子掉落。

电子掉落到云层底部并积聚。总体而言，云的上部以正电荷为主，下部以负电荷为主。云的上、下部之间形成了电位差。

最终，当电位差达到一定程度后，就会发生放电，在云层和地面物体之间形成巨大的火花。这就是我们最常看到的闪电！

你可能已经注意到，伴随着闪电而来的是非常非常大的噪声——**雷声**。

轰隆隆!!! 轰隆隆!!!

雷声又是从何而来的呢?

当闪电发生时，它产生的电流可能会沿着云层和地面之间的一条路径或通道行进。这时，通道内的温度能达到令人震惊的高度。

30000℃

（实际上，比太阳表面的温度还要高！）

唷，天气好热呀!

这使周围的空气快速升温、膨胀，然后突然向外推。

这就形成了一个巨大的声波，也就是我们听到的巨大的雷声!

远离雷电!

谁都不希望被雷电击中，要知道雷电携带的强大的电流和巨大的热量都是致命的。以下是几条远离雷电的建议。

如果你在户外遇到雷雨天气，一定要远离高地、高的建筑物和空地。闪电通常会首先击中它们。

不要在树下躲避。如果树被击中，电流会沿着地面扩散。

啊!

不要高举高尔夫球杆等金属物品，包括金属柄的雨伞!

尽可能躲进室内，但注意远离电器、金属管道和水龙头等，万一建筑物被击中后，电流很可能会流经这些物品。

电为什么不会从插座里漏出来?

早期房间里刚刚装上插座时，有些人害怕电会从插座中漏出从而带来危险。事实上，现在仍然有人担心这个问题！

移动电话

插座上有一些孔……

我们可以将电器电线插头插入孔中使电器工作。

还有一些人则担心电会漏掉，造成浪费，使他们的电费增加。

这种情况真的会发生吗? 如果不能, 为什么?

这个月的电费太多了!

电子在一个环内流动

电池

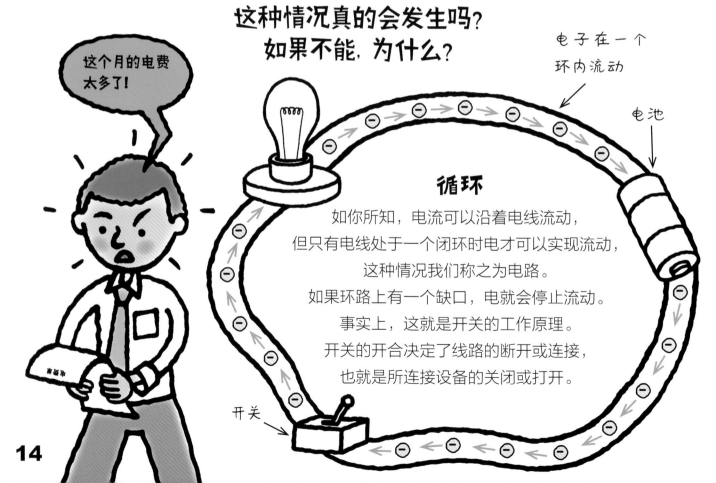

循环

如你所知，电流可以沿着电线流动，但只有电线处于一个闭环时电才可以实现流动，这种情况我们称之为电路。
如果环路上有一个缺口，电就会停止流动。
事实上，这就是开关的工作原理。
开关的开合决定了线路的断开或连接，也就是所连接设备的关闭或打开。

开关

不插入插头，不会有电

通常，一个插座包含两个连接点，或称电路终端。当插上一个电器电线插头时，你就连接了两个电路终端，形成了闭环回路。

例如，这里有一盏灯：

这盏灯表面看起来好像只有一条线与它连接，实际上这条线里面有两条更细小的线。

② 电流穿过开关和灯泡。

③ 电线将电流接回到另一个连接点。

① 电线从一个连接点引出电流。

当这盏灯的电线插头被插入插座并打开电器开关后，闭环电路就形成了。电在电路中流动，灯泡开始工作。如果灯的电线插头没有被插入插座，就无法形成闭环电路，电也就无法流动……

所以电是不会从插座里漏出来的！

为什么插座是危险的？

如果有人玩插座或把东西塞进插孔，他们可能会意外地接通电路，从而遭到电击。
这就是为什么我们必须始终注意插座周围的东西。

请勿触摸！

为什么电线外面要包裹塑料皮?

电器及与之相连的电线、插头和插座等,都可能有电流通过。不过,你可以拿着电器并使用,也不会受到电击。

这是怎么做到的呢?

这是因为有些材料的导电性能好,也就是能让电流通过它们,而有些材料的导电性能并没有那么好。

良导体

金属是电的良导体,特别是金属铜。也有其他一些材料是良导体,如碳。

你使用的大多数电线都是铜线。

电线被塑料(一种绝缘体)所包裹,以保证电只在电线内流动。

绝缘体

导电性能差的材料被称为绝缘体,包括橡胶、玻璃和电线外层的塑料皮等。如果电线外面没有包裹这样的绝缘层,那么电可能会流入电线所接触的任何其他导电物体。这可能导致设备无法工作。

裸露电线,触摸危险!

水能导电吗?

水能导电，所以电器如果被水打湿可能会漏电，给人带来危险。

这就是我们不能用湿手去触摸电源开关的原因!

啪!!!

吹风机

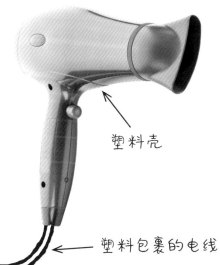

塑料壳

塑料包裹的电线

安全使用

电器在制造过程中，电路被安全地隐藏起来，并由绝缘体保护着。

在洗衣机这类需要装水的电器里面，水与电路是分开的。

对于用金属制成的电器，如烤面包机，它的外部金属部件与内部电路是分开的，所以它们不会电到人。

维修电缆的线路工人必须戴上如图所示的绝缘手套。

人体导体

我们的身体也能导电。这就是为什么人会触电。

古代人也使用电吗？

让我想想！

想象一下几千年前的生活：没有电视，没有电脑游戏，没有洗碗机、微波炉、电话甚至路灯。这些电器都不存在。但是，有电吗？

接招吧！

托尔，北欧雷电之神

当然有！

电是大自然的一部分，它一直都存在。虽然古人并不能像我们现在这样认识并使用它，但是他们从来没有停止过对电的思考和尝试。

神和霹雳

许多古代文化中都有雷神，古人认为当雷神生气时会降下霹雳或闪电。

被误认为太阳光？

一些古希腊科学家试图解释闪电。例如，恩培多克勒（公元前495—前435）认为闪电的出现是太阳光线卡在云层中造成的。

带电的动物

有些动物，比如电鳗和电鳐，它们能给你来一下电击（见第20~21页）。古希腊人不知道为什么这些鱼能发出这种奇怪的电击，但他们用它来治疗头痛！

电鳐

嗞啪啪啪！

哦，感觉好多啦！

猫毛上的科学

另一位名叫泰勒斯（公元前624—前546年）的古希腊人对电有一个奇怪的发现：当你在猫毛上摩擦琥珀后，琥珀能吸附种子之类的小东西。

这是一个关于静电的早期实验——尽管泰勒斯并不知道它的原理是什么。

令人惊讶的事实！

琥珀的希腊语是"elektron"，这就是英文单词"electricity"的来源！

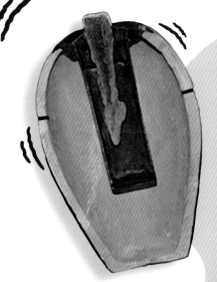

这是电池吗？

当然，古代并没有电池。不过，等等……或许也有过？左边这个罐子是在伊拉克巴格达附近的废墟中发现的，距今约1600年。有些人认为这是一个早期的电池，因为它有铜和铁的部件，并且这两部分之间存在空间。在测试中，一个充满液体的复制品产生了小电流。也有人说，它只是一个罐子，是用来存放恰巧由这些材料制成的卷轴的。你觉得呢？

电鳗真的会放电吗？

是的。不过它虽名为"鳗"，但并不是真正的鳗鱼！这种令人困惑的生物生活在南美洲的河流和池沼里，它实际上是一种与鳗鱼类型不同的鱼，在生物分类上和鲶鱼更为接近。但电鳗确实能给你一次强大的电击。

不要离我太近！

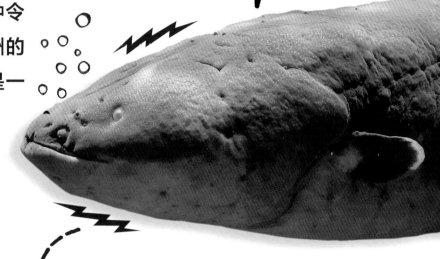

带电的鱼的种类有很多。它们用电击晕或杀死猎物，或击退捕食者。

遇见发电一族！

电鳗

最强大的电击者。

我盯上你了！

电鳐

种类超过60种，包括这只美丽的豹纹鳐。

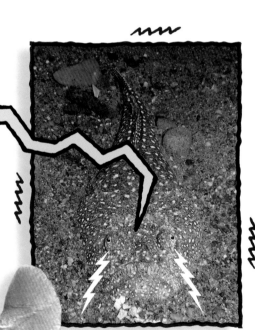

瞻星鱼

它用眼睛放电来电击捕食者！

它们是怎么发电的？

放电动物利用体内的化学物质，以类似电池的方式发电。

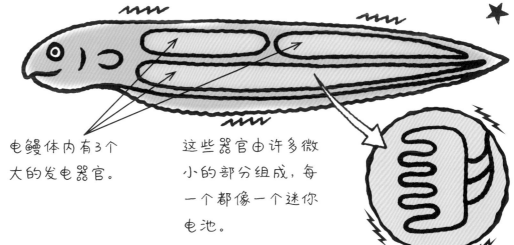

电鳗体内有3个大的发电器官。

这些器官由许多微小的部分组成，每一个都像一个迷你电池。

为了电击猎物或敌人，这些动物会释放一种化学物质，使"电池"瞬间工作。电鳗的这些"迷你电池"一起发电会产生高达600伏特的电击，这比我们家里电源插座上的电压还要强。

在19世纪，探险家亚历山大·冯·洪堡看到电鳗从南美洲的奥里诺科河中跃出，把两匹马电晕了！

救命!

有电的生命

放电的鱼可能看起来很奇怪，但实际上，所有的动物都带有轻微的电，包括我们人类。我们的神经细胞利用电流向身体和大脑发送信号。

大脑中的神经细胞

每当你思考、运动或感知事物时，微小的电流就会像这样沿着你的神经细胞传导。

电能让生命起死回生吗？

在18世纪末和19世纪初，人人都在谈论最新的发现——电。科学家们做了大量的关于静电、电流和闪电的实验。

你确定这样可以吗？

医生使用轻微的电击作为治疗失眠（睡眠不足）等问题的方法。

准备阅读一段可怕的内容吧……

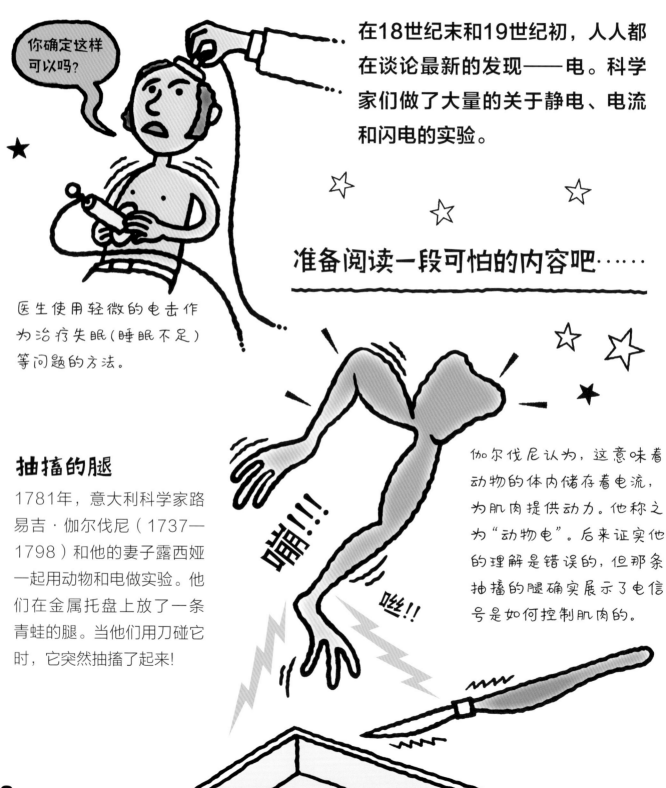

抽搐的腿

1781年，意大利科学家路易吉·伽尔伐尼（1737—1798）和他的妻子露西娅一起用动物和电做实验。他们在金属托盘上放了一条青蛙的腿。当他们用刀碰它时，它突然抽搐了起来！

蹦！！！

嗞！！

伽尔伐尼认为，这意味着动物的体内储存着电流，为肌肉提供动力。他称之为"动物电"。后来证实他的理解是错误的，但那条抽搐的腿确实展示了电信号是如何控制肌肉的。

电池

另一位科学家亚历山德罗·伏特（1745—1827）发现了伽尔伐尼实验的真相。用两种不同的金属同时接触湿润的青蛙腿时，发生了一种化学反应，这种反应产生了电流，肌肉也随之收缩。

利用这个想法，伏特在1799年用锌、铜和湿纸板做成了一组最原始的电池。

伏特的电池：
伏打电堆

复活！

一旦电池被发明出来，科学家们就可以做更多的电实验——一个可怕的新趋势开始了。它是以路易吉·伽尔伐尼的名字命名的，被称为"伽尔伐尼复活"，它通过给尸体通电，使其肌肉运动。

人们成群结队地去观看科学家们对被处决的罪犯的尸体进行电击。尸体会做鬼脸，扭动手指，甚至坐起来！

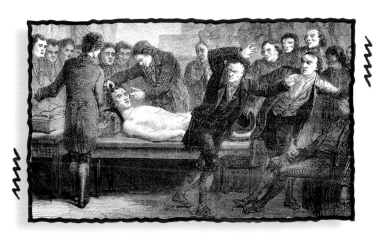

震惊的观众们以为这些尸体复活了——当然，事实并非如此。电流只是让他们的肌肉运动，就像伽尔伐尼实验中的青蛙腿一样。

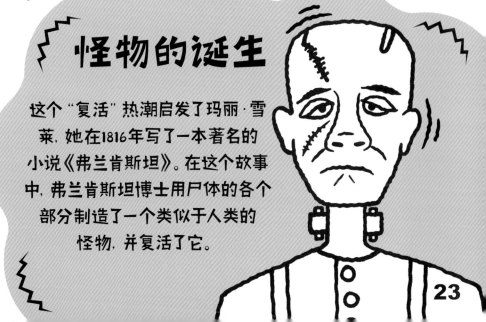

怪物的诞生

这个"复活"热潮启发了玛丽·雪莱，她在1816年写了一本著名的小说《弗兰肯斯坦》。在这个故事中，弗兰肯斯坦博士用尸体的各个部分制造了一个类似于人类的怪物，并复活了它。

电会被我们用完吗？

哗啦啦!

"你没关灯！""别洗那么长时间的澡！"
"把电脑关掉！"人们总是不断地告诫孩子
们不要浪费电。

长时间洗澡会消耗
额外的电。

这是不是意味着电有一天会被我们用完呢?

 其实有很多理由让我们需要节约用电。其中之一是用电要
花钱，所以浪费电意味着更高的电费。当然还有其他原
因，但不要惊慌!

电将继续存在。

古老的电
化石燃料是在地下发现的燃料，像石油、
煤和天然气等。它们是很久以前由生物的
残骸形成的。

煤是从地下
挖出来的。

我们在发电站里燃烧化石燃料发电。
但是有两个大问题：

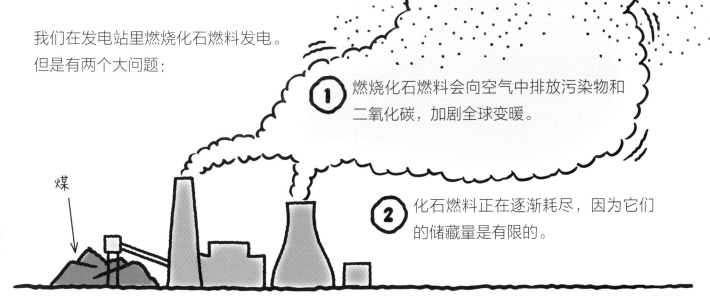

① 燃烧化石燃料会向空气中排放污染物和二氧化碳，加剧全球变暖。

② 化石燃料正在逐渐耗尽，因为它们的储藏量是有限的。

煤

我们能做什么？

目前，我们大部分的电仍然依赖于化石燃料，但人类正在尝试改用其他方法，否则就来不及了！可再生资源，像风能、太阳能、水能等，是不会被用完的。我们已经使用了多种可再生资源来发电。

风力涡轮机可以建在陆地上，也可以建在海上。

太阳能电池板把阳光转化成电能。

水力发电利用水的流动进行发电。

未来的可再生能源

科学家们还在研究利用潮汐和海浪作为可再生能源。它们拥有很多能量，所以在未来，它们可能为我们提供很多电。

电动汽车能开多快？

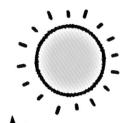

2016年9月，Venturi Buckeye Bullet 3（VVB-3）以每小时549.4千米的惊人速度飞过美国犹他州一个平坦的盐湖，打破了它之前的纪录，成为世界上最快的电动汽车……

它长这样！

打破纪录的VVB-3

嗖嗖嗖嗖嗖！

目前，世界上大多数汽车还都不是电动的，它们使用的主要燃料还是由石油制成的。但随着化石燃料即将耗尽，这种情况将会发生改变，我们将逐渐改用电动交通工具。

电动时代到来！

我们并不能人人都开VVB-3，但电动汽车已经可以上路了。它们使用的不是汽油或柴油发动机，而是电池。

特斯拉Model X
电动汽车

电动汽车的主要问题是，你必须频繁地把它接入充电桩来给电池充电。

电动公交车也在世界各地开始使用。从铁路或架在空中的电缆获得电力的电动火车也是如此。

更清洁,更环保

电动汽车最大的优点是不烧燃料，也就不排放难闻的有害废气。所以，当大多数交通工具都采用电力驱动之后，空气将会更干净、更安全。

汽车排出的燃料废气会污染空气，导致哮喘和其他健康问题。

当电主要来源于风能和太阳能等可再生能源时，交通将更加环保。

天空中

制造电动飞机比较困难，因为电池很重，不能为飞机提供足够长时间的动力。但科学家们也在研究解决这个问题，航空公司计划在未来推出电动客机。

太阳能电池板

快问快答

为什么静电会让你的头发立起来?

如果你接触到静电,你的整个身体,包括你的头发就会有多余的电子,带上同一种电荷的头发会相互排斥,它们尽可能远离你最简单的方法就是离你的头远一点儿。少量的静电不能做到这一点,但有一种叫作范德格拉夫起电器的机器可以给你提供足够的电量,让你的头发立起来!

为什么小鸟站在电线上不会触电?

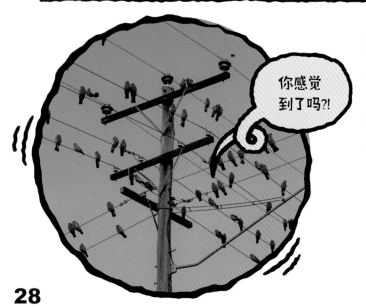

你感觉到了吗?!

高架电缆将电输送给建筑物或火车路线。这些电缆非常危险,但小鸟却可以毫发无伤地站在上面。这是因为,即使小鸟站在电线上,电流依然是沿着电缆而不是穿过小鸟的身体流动的。

触电是什么感觉？

触电的人十有八九都活了下来。在通常情况下，他们都记不太清当时的感受，因为电击让他们昏迷。但有些人说，他们经历了强烈的灼烧，感觉无法动弹，并且闻到了烧焦的味道。

球状闪电是带电的吗？

可能吧，但这有点儿神秘。球状闪电是一种奇怪的、非常罕见的现象，它发生在雷暴期间。目击者通常会看到一个发光的飘浮球体，它可以穿过墙壁和窗户，最终爆炸或发出"砰"的一声。

哟丝!!!

为什么电吉他声音如此大？

电吉他本身并不是很响。如果拨动琴弦，你只会听到微弱的声音。电吉他声音大的原因是它们通常连接着扩音器或扬声器。吉他里的电子拾音器把琴弦的振动变成电信号。扩音器使这个信号变得更强，这样它就有了更多的能量。

术语表

白炽
由于物体变热而发出光的现象。

半导体
一种能导电的材料。它被用来制造计算机电路元器件和LED灯泡等。

保险丝盒
一种装有保险丝和开关的盒子，它与建筑物中的电路相连。

导体
易于导电的物质。

灯丝
电灯泡内的一种极细的电线或纤维，当电流通过时它就会发光。

电池
储存化学能，连接到电路后就会释放出电。

电动设备
电驱动的机器或装置。

电荷
储存在物体中的电能量。

电击
电流穿过身体引起的伤害或疼痛。

电流
通过电线或其他材料的电子流。

电路
电线或其他导体制成的导电回路。

发电机
一种将动能转化成电流的机器。

伽尔伐尼复活
用电使尸体或身体部位运动。

干线供应电
通过架在空中的电缆或埋在地下的电缆输送到房屋和其他建筑物的电。

化石燃料
指煤、石油和天然气等燃料，是由很久以前死亡的动植物躯体在地下形成的。

静电
电荷在物体内或物体上的积聚。

静电电击
由体内积聚的静电引起的令人感到疼痛的电击。

绝缘体
不能很好地导电的物质。

可再生能源
不会耗尽的能源，如风能、潮汐能和太阳能。

LED (发光二极管)
一种当电流通过半导体时发光的灯泡。

能量
促使事情发生或工作的力量。

霹雳
闪电的另一种叫法。

球状闪电
一种罕见的闪电，看起来像一个飘浮的、发光的球。

燃料
一种可以燃烧以提供热量或其他能量的物质，如煤或木头。

神经细胞
在大脑和身体内部携带信息信号的细胞。

水力发电
由流动的水的运动产生电。

太阳能电池板
一种能将阳光转换成电流的板状装置。

涡轮
一种利用气流（如风或水的流动）使轮子旋转的装置。

线路工人
负责安装或修理电缆的人。